W0237691

Cordula Weiß

# Hundespiele
## für unterwegs

Denksport,
Tricks & Spiele

Ulmer

# Inhalt

4 **Ab nach draußen!**

6 **Praktisches**

- 8 Jogger ignorieren
- 10 Cool bleiben
- 12 Ein schöner Rücken ...
- 14 Hatschi!
- 16 Gute Idee
- 18 Schnüffelrunde
- 20 Sherpa spielen

22 **Bewegungsspiele**

- 24 Twist and turn
- 26 Parcours
- 28 Triathlon
- 30 Round, round, get around
- 32 Gut behütet
- 34 Torlauf

36 **Impulskontrolle**

- 38 Fang's!
- 40 Balla-balla
- 42 Eins, zwei, drei, vier Eckstein!
- 44 Hiiierher!
- 46 Ran an die Beute

48 Kunststücke

50 Ziel!!!
52 Die Trickbank
54 Der Nein-Sager
56 Fang den Hund
58 Cooles Pfötchen!
60 Mein Hund, ein Model
62 Ins Blaue hinein

64 Nasenarbeit

66 Plumpsack mit Hund
68 Such mal!
70 Wo isser?
72 Picknick im Grünen
74 Zeig's mir!
76 Geocaching

78 Service

78 Buchtipps, Links ...
78 Über die Autorin
80 Impressum

# Ab nach draußen!

Die Höhepunkte im Leben unserer Hunde sind neben den Fütterungszeiten die täglichen Spaziergänge. Jeder gesunde Vierbeiner liebt es, draußen unterwegs zu sein. Vor allem die Hundenase sehnt sich nach Abwechslung und Beschäftigung - das tägliche „Zeitunglesen" ist unseren Hunden ein großes Bedürfnis.
Auch wir Hundebesitzer sind gerne unterwegs. Das gehört nun einmal zur Hundehaltung dazu, ist außerdem entspannend, gesund ... und manchmal auch überaus unterhaltsam.

## Aktiv und glücklich

Dennoch gibt es Steigerungsmöglichkeiten! Ich verspreche Ihnen, dass Beschäftigungsspielchen nicht nur dem Hund Spaß machen, sondern auch Ihnen! Einen aufmerksamen, lachenden Begleiter an Ihrer Seite zu haben, wird auch Sie zum Lächeln bringen. Lern- und Spaßspiele mit dem Hund sind selbstbelohnend – für das Tier wie für den Besitzer. Gleichzeitig wächst die Bindung, und zwar nicht nur die vom Hund zu seinem Menschen, sondern auch umgekehrt. Sie werden stolz sein auf Ihren Vierbeiner, was ihm wiederum Freude bereitet. Und so wird das Gassigehen zum täglichen Highlight, nicht zur lästigen Pflicht!
In diesem Büchlein zeige ich Ihnen zahlreiche Möglichkeiten, den Unterhaltungswert Ihrer täglichen Runde zu steigern. Der Aufwand ist meistens gering – und bringt doch so viel Freude! Es geht nicht darum, den Vierbeiner von Anfang bis Ende zu bespaßen, aber zwei bis drei wechselnde Aktivitäten pro Runde bereichern sein Leben ganz ungemein. Und hier wandeln wir den bekannten Spruch leicht um: „Geht's dem Hund gut, freut sich der Mensch!"

## Keks statt Druck

Das Schöne an Ihren Aktivrunden wird sein, dass es keinerlei Erfolgsdruck gibt, denn Spiel ist der Definition nach zweckfrei. Wir müssen keine Prüfungen bestehen. Es gibt keinen Wettbewerb. Es gibt nur Freude aneinander, so ist der Spaßfaktor garantiert. Dennoch sind auch Erfolgserlebnisse wichtig, wichtig für Sie und für Ihren Hund.
Um das zu erreichen, braucht es außer Geduld gar nicht viel „Werkzeug". Einen Clicker oder ein speziel-

▶ Das Ziel: gemeinsam Spaß haben!

les Lobwort (Markersignal, siehe Seite 8) zu verwenden, hilft schon sehr beim Lernen. Erfahren Sie zudem, wie Ihre Hand oder ein Gegenstand zum „Hundemagneten“ (auch Target genannt, siehe Seite 22) werden kann. Und natürlich, für Ihren Hund am wichtigsten: Belohnen Sie gut und reichlich, denn jeder noch so kleine Schritt ist Grund zu großer Freude!

Dabei wirken vor allem vielfältige Belohnungen besonders gut. Finden Sie heraus, was Ihr Tier als Belohnung empfindet und was sich für die jeweilige Situation anbietet. Für viele Hunde ist Futter die beliebteste Belohnung. Das passt wunderbar, denn Leckerchen sind einfach und schnell verwendbar. Sie können zum Beispiel verschiedene Futtertaschen verwenden, die Sie an der Kleidung befestigt leicht mit sich führen können. Für meine Hunde habe ich immer Futter in zwei Wertigkeitsstufen mit dabei: ein gutes Trockenfutter und Wurst oder Käse.

Es gibt aber weit mehr Möglichkeiten: Ihre jubelnde Stimme, ein tolles Zerrspiel, ein geworfener Ball, auch die Freigabe fürs Schnüffeln oder eine Toberunde mit dem Hundekumpel. Ihr Vierbeiner wird sich über Abwechslung und Überraschungen freuen.

Loben und belohnen Sie bitte ausgesprochen großzügig! Beobachten Sie sich einmal selbst und zählen Sie, wie oft Sie Ihren Hund positiv bestätigen. Er wird freudig das wiederholen, was sich für ihn lohnt. Achten Sie also darauf, was er an erwünschtem Verhalten zeigt und belohnen Sie es: manchmal nur mit einem freundlichen Wort, manchmal mit hochwertigem Futter oder einem fröhlichen Ballspiel. Wir wollen schließlich nicht zu denen gehören, deren Motto „Nicht geschimpft ist schon gelobt!“ ist.

Manchmal werde ich gefragt: „Wollen Sie denn immer füttern?“ Meine Antwort darauf ist ein ganz klares „Ja, warum denn nicht!“. Warum soll ich meinem Hund diese Belohnungsmöglichkeit nehmen, die doch so einfach zu geben ist und ihm so viel Freude macht? Ein Tier, das „diszipliniert“ wird, läuft vorsichtiger durch die Welt und ist misstrauischer. Ein häufig belohnter Hund ist ein aufmerksamer und freudiger Begleiter. Bei der Wahl zwischen Druck oder Keks werde ich immer den Keks wählen!

Ich wünsche Ihnen und Ihrem Vierbeiner unterwegs jede Menge tolle Outdoor-Erlebnisse und gemeinsamen Spaß!

**Auf einen Blick**

Wie schwierig ist die Spielidee umzusetzen? Funktioniert sie auch mit mehreren Hunden oder an der Leine? Diese Infos finden Sie bei jeder Anleitung.

Mit oder ohne Leine?

F – nur ohne Leine möglich (Freilauf)

L – mit Leine möglich

Mit wie vielen Hunden?

1 – nur mit einem Hund möglich

2+ – mit mehreren Hunden möglich

Wie schwierig?

einfach

mittel

anspruchsvoll

# Praktisches
## für die Hunderunde

Ihrem Hund ist es egal, ob unterwegs nur aus Spaß an der Freude gespielt wird oder Ihr Ziel der gut erzogene Begleiter ist. Er will Abwechslung, Aufmerksamkeit, leckere Belohnungen und viel Spaß! Die täglichen Runden können Sie wunderbar nutzen, um beides zu verbinden ...

Freuen Sie sich auf abwechslungsreiche Hunderunden und profitieren Sie von einer durch gemeinsame Aktivitäten gestärkten Bindung.

# Jogger ignorieren *Fremde(s) gaaanz gelassen erkennen*

L 2+

**Welche Hilfsmittel?** *Keine*

**Voraussetzungen?** *Keine*

## Die Aufgabe:

*Ihr Hund lernt, die für ihn bedrohlichen Personen oder Objekte, die Ihnen beiden beim Spazierengehen über den Weg laufen, zu erkennen und ruhig zu bleiben.*
*Eher unsicheren und jungen Hunden kann es helfen, Umweltreize besser zu verarbeiten, wenn sie von uns mit einem Namen versehen werden. Sehen wir zum Beispiel den Jogger vor dem Hund, können wir ihn darauf markern (siehe Kasten) und er wird weniger vor seinem plötzlichen Auftauchen erschrecken. Außerdem wird er den Auslöser von Anfang an positiv verknüpfen, weil er mit einem Markersignal und einer Belohnung gekoppelt wird.*
*Viel unerwünschtes Verhalten unserer Hunde ist angstbegründet. Jogger werden verbellt, weil sie bedrohlich wirken. Pferde und andere Hunde ebenso. Das Benennen hilft unserem tierischen Begleiter, Unbekanntes einzuordnen. Auch Angstsituationen wie Gewitter können benannt und positiv konditioniert erträglicher werden.*
*Das Spiel hat auch einen netten Nebeneffekt: Die Hunde lernen so einen beeindruckend umfangreichen Wortschatz!*

## Schritt für Schritt:

Von Welpenbeinchen an lernen meine Hunde „Jogger“, „Fahrrad“, „Auto“, „Kinder“, „Pferd“, „Hund“ und so weiter als Begriff kennen. Markiert und belohnt wird dabei der erste Blick auf die vermeintliche Gefahr:

1. Sobald ein möglicher Reizauslöser in Ihr Blickfeld kommt, weisen Sie darauf hin: „Guck mal, ein Jogger!“. Sie benennen das Objekt und geben ein Markersignal, damit der Hund es auch bemerkt.
2. Wenn die Körpersprache Ihres Vierbeiners anzeigt, dass er den Jogger gesehen hat – das kann ein Blick dorthin sein, ein Zucken mit dem Ohr oder Ähnliches –, belohnen Sie ihn.
3. Beginnt der Hund beim Erkennen eines Joggers, sich Ihnen in Erwartung eines Markersignals zuzuwenden, können Sie ein Alternativverhalten aufbauen und belohnen, zum Beispiel ein Blickkontakt zu Ihnen oder das Laufen in Fußposition.

## Profitipp:

Kennt Ihr Hund beispielsweise Schafe und Pferde und ist beides sichtbar, können Sie „Vokabeltraining“ machen: Benennen Sie die Schafe und belohnen Sie, wenn der Hund dann dorthin blickt. Sagen Sie „Pferd“ und belohnen Sie den Blick zum Pferd!

### Was ist ein Markersignal?

Ein Markersignal sagt Ihrem Hund punktgenau: „Richtig gemacht!“. Es ist ein Versprechen auf eine Belohnung. Markersignale können das Klicken eines Clickers sein, aber auch Worte wie „Yep!“, „Zack!“ oder ein Zungenschnalzer. Belohnen Sie großzügig und variabel mit allem, was Ihrem Hund Spaß macht.

▶ **Ein Jogger** kommt? Super, da gibt's Leckerlis!

# Cool bleiben *Rechts oder links laufen*

**Welche Hilfsmittel?** *Keine*

**Voraussetzungen?** *Keine*

## Die Aufgabe:

*Auch dort, wo unsere Hunde frei laufen dürfen, sind wir nicht alleine unterwegs. Andere Fußgänger, Jogger und Fahrräder begegnen uns und es ist eine große Hilfe, wenn der Hund auch ohne Leine brav an der Seite seiner Besitzer passiert.*

*Anders als auf dem Hundeplatz geht es hier nicht um korrektes Fußlaufen. Der vierbeinige Begleiter lernt stattdessen, Ablenkungen zuverlässig zu ignorieren.*

### Targetstick

Als Armverlängerung bietet sich bei kleineren Hunden hier ein Targetstick an. Anstatt einen gekauften Targetstick unterwegs immer mitführen zu müssen, können Sie sich unterwegs im Nu selbst einen basteln: Befestigen Sie dazu einfach ein Taschentuch mit einem Haargummi an einem Stock! Nun muss Ihr Hund nur noch lernen, ihm zu folgen.

## Schritt für Schritt:

1. Beginnen Sie auf breiten Wegen. Sehen Sie entgegenkommende Menschen, machen Sie Ihren Hund darauf aufmerksam. Sichern Sie ihn an der mit der linken Hand gehaltenen Leine und führen Sie ihn mit einem Leckerchen auf Ihrer rechten Seite an der Ablenkung vorbei. Kurz nach der Begegnung klicken Sie und belohnen.
2. Recht bald wird das Leckerchen in der Hand durch ein Handtarget ersetzt (siehe Seite 24). Sie wollen, dass Ihr Hund von Ihrer leeren rechten Hand geführt an Menschen vorbeigeht. Es hilft ihm, dabei eine Aufgabe zu haben: der Hand zu folgen.
3. Ein weiteres Hilfsmittel ist es, überdeutlich rechts zu laufen. Für den Hund wird das zum Signal, am rechten Wegrand neben Ihnen zu gehen. Für den entgegenkommenden Spaziergänger wird klar, dass der Hund unter Kontrolle ist.
4. Es ist also eine Abfolge von Benennen – Alternativaufgabe Handtarget – Belohnung kurz nach der Begegnung. Achten Sie bei der Belohnung darauf, sie auch rechts von Ihnen zu geben. Der Klick bedeutet zwar das Ende der Aufgabe, doch die Belohnung wird immer in der Position gegeben, die zuvor geübt wurde.
5. Üben Sie nun dasselbe auf Ihrer linken Seite. Hier laufen Sie als Signal deutlich auf der linken Wegseite und nehmen Ihre linke Hand als Target.

## Profitipp:

Während anfangs die Ablenkungen klein sind und der Abstand groß, können Sie im Laufe der Zeit von Ihrem Hund mehr verlangen. Mit Übung kann er dann sogar an anderen Hunden zuverlässig frei vorbeigeführt werden.

▼ **Achtung Reiter** – da laufen wir alle rechts!

# Ein schöner Rücken ... *Hinten bleiben!*

F 2+

**Welche Hilfsmittel?** *Anfangs ein menschlicher Trainingshelfer*

**Voraussetzungen?** *Keine*

## Die Aufgabe:

*Im Allgemeinen möchte ich meine Hunde vor mir laufen sehen. Nur dann kann ich ihre Körpersprache lesen und rechtzeitig handeln, wenn sie zum Beispiel Wild in die Hundenasen bekommen. Nähere ich mich jedoch unübersichtlichen Stellen – wie etwa Kurven oder Wegkreuzungen –, hat es sich sehr bewährt, sie hinter mir zu haben und mir erst einmal einen Überblick zu verschaffen.*

**Immer mit der Ruhe!**

Gehen Sie in kleinen Schritten vor. Sie wollen Ihren Hund nicht maßregeln, sondern für richtiges Verhalten loben können.
Drängen die Hunde neben einem nach vorne, hilft es, langsamer zu werden.

## Schritt für Schritt:

Am einfachsten übt es sich zu zweit. Da Sie hinten keine Augen haben, ist hier ein Trainingshelfer ausgesprochen praktisch. Das Körpersignal für „Hinten bleiben!“ sind meine seitlich ausgestreckten Arme. Sie bilden sozusagen einen Zaun.

1. Während Sie vorne mit Ihren Armen den Weg optisch versperren, klickt oder markert hinter Ihnen Ihr Helfer, wenn Ihr Hund nur zwei oder drei Schritte korrekt hinter Ihnen bleibt.
2. Sie haben die Leckerchen und werfen sie auf den Klick hin hinter sich. So ist die Erwartungshaltung des Hundes nach hinten gerichtet.
3. Im nächsten Schritt gehen Sie vor wie bisher. Jetzt fliegen die Leckerchen allerdings erst nach hinten, wenn Sie die Lage an der unübersichtlichen Stelle sondiert haben. Damit ist der Hund wieder freigegeben.
4. Nutzen Sie Ihren Trainingshelfer so lange wie möglich. Sind Sie auf sich alleine gestellt, muss ein Blick über die Schulter reichen. Meine Erfahrung ist, dass langsameres Gehen den Hund eher zurückhält als der Versuch, durch schnelles Laufen vor dem Hund zu bleiben.

▼ **Wir nähern** uns der Wegkreuzung – da heißt es: hinten bleiben!

# Hatschi! Toller Service!

L 1 ★★★

**Welche Hilfsmittel?** *Weißes Stofftaschentuch oder Stoffstück – Papiertaschentücher sind möglich, zerreißen allerdings leicht*

**Voraussetzungen?** *Apportieren, siehe Seite 68*

## Die Aufgabe:

*Wenn Sie „niesen" (Signalwort „Hatschi!"), soll der Hund ein Taschentuch aus Ihrer Hosentasche ziehen und Ihnen in die Hand geben. Dies ist eine nette, publikumswirksame Apportieraufgabe.*

### Was ist shapen?

Shapen heißt, dass ein vom Hund gezeigtes Verhalten durch ein Klicken oder ein Markerwort eingefangen und belohnt wird. Je nach Hund wird diese lukrative Handlung früher oder später bewusst gezeigt.
Gehen Sie immer sehr kleinschrittig vor und belohnen Sie schon kleine Ansätze. Ihr Hund braucht Erfolgserlebnisse – geben Sie sie ihm!

## Schritt für Schritt:

1. Sie werfen das Taschentuch auf den Boden und fordern Ihren Hund auf, es Ihnen in die Hand zu geben.
2. Sie legen das Taschentuch auf einen etwas erhöhten Platz (Baumstamm, Bank) und lassen es sich in die Hand apportieren.
3. Sie benennen das Taschentuch mit „Hatschi!".
4. Das Taschentuch hängt fast vollständig aus der linken Hosentasche und Sie fordern Ihren Hund mit „Hatschi!" auf, es herauszunehmen und Ihnen in die rechte Hand zu geben.
5. Der heraushängende Taschentuchzipfel wird immer kleiner und der Hund muss sich beim Herausziehen mehr anstrengen.
6. Sie wechseln die vorderen Hosentaschen, sodass er nach dem Taschentuch suchen muss.
7. Auch die hinteren Hosentaschen werden mit einbezogen.

## Profitipp:

Wenn Sie es schaffen, bei Ihrem Hund ein Niesen zu shapen, können Sie eine nette Verhaltenskette daraus machen: Sie belegen beispielsweise Lunas Niesen mit dem Signalwort „krank", sodass Sie fragen können: „Bist du krank, Luna?" Luna niest, Sie sagen voller Mitleid, dass auch Sie krank seien. Sie niesen und Luna gibt Ihnen Ihr Taschentuch. Jeder wird begeistert sein von diesem klugen und hilfsbereiten Hund und Luna wird ganz stolz über all die Aufmerksamkeit sein!

▶ Wenn Cjalla das Taschentuch zückt, hat sie die Lacher auf ihrer Seite!

# Gute Idee *Wer ist der Kreativste?*

L 1 ★★★

**Welche Hilfsmittel?** *Keine*

**Voraussetzungen?** *Keine*

## Die Aufgabe:

*Es macht Spaß, die Kreativität unserer Hunde zu fördern. Zur Abwechslung dürfen sie uns einmal Angebote machen.*

*Für viele Hunde ist diese Art zu arbeiten völlig neu und Ihre Ansprüche sollten sehr niedrig sein. Erwarten Sie nicht, dass er wirklich völlig neue Verhaltensweisen anbietet. Aber mit Glück bietet er irgendwann etwas an, was Sie auf neue Ideen bringt. Vielleicht entsteht so wirklich einmal ein neuer Trick – nach einer Idee Ihres Hundes!*

## Schritt für Schritt:

1. Ausnahmsweise fangen Sie gleich mit dem neuen Signalwort an: „Mach was!" fordern Sie ihn auf oder eben „Gute Idee!".
2. Dann wird fast alles angeclickert, was der Hund anbietet. Geht er einen Schritt rückwärts? Klick! Schaut er zur Seite? Klick! Zeigt er seine altbekannten Kunststückchen? Klick! Schleckt er sich über die Schnauze? Klick! Auch Ihr Beobachtungsvermögen ist hier gefordert!
3. Erlauben Sie Ihrem Hund ein paar Wiederholungen (schließlich hat er gelernt, erfolgreiches Verhalten zu wiederholen). Dann aber teilen Sie ihm mit „Weiter!" mit, dass nun wieder etwas Neues gefragt ist.
4. Wie immer sollten Sie nicht zu lange an dieser Aufgabe arbeiten. Schließen Sie mit einem besonders netten Angebot ab, loben Sie ihn noch einmal kräftig für seine guten Ideen und gehen Sie weiter. Geben Sie allerdings auch nicht zu schnell auf. Versuchen Sie es in kurzen Übungsabschnitten immer wieder und seien Sie gespannt!

## Profitipp:

Bei einem besonders begabten und in selbstständigem Anbieten von Verhalten geübten Hund können Sie die Messlatte höher setzen: Jedes Verhalten darf nur einmal gezeigt werden. Oder als weitere Steigerung: Nur wirklich neues Verhalten wird belohnt.

◀ Bin ich dran?

▶ **Nicht schlecht,** oder?

# Schnüffelrunde *Immer der Fellnase nach ...*

L 1 ★★★

**Welche Hilfsmittel?** *Eine längere Leine, möglichst ein Geschirr*

**Voraussetzungen?** *Keine*

## Die Aufgabe:

*Es gibt einfach Tage, da will man nur Ruhe. Ruhe für den Hund, Ruhe für den Menschen. Üben Sie sich in Gelassenheit und lassen Sie Ihren vierbeinigen Begleiter angeleint, aber ansonsten ungestört schnüffelnd seine Runde gehen.*

▲ Einfach mal die Seele baumeln lassen ...

## Schritt für Schritt

Sie haben vielerlei Möglichkeiten für einen interessanten Gassigang „frei Schnauze“:

- Gehen Sie bewusst dorthin, wo viele Hunde vor ihm waren. Vor allem Rüden genießen es, einmal in Ruhe ihrer Nase folgen zu können.
- Ihr Hund wird es Ihnen auch danken, wenn Sie nicht immer die gleiche Runde mit ihm drehen. Er liebt Abwechslungen für seine Nase – so wie wir auch nicht dasselbe Buch wieder und wieder lesen wollen.
- Suchen Sie ab und zu bewusst besonders spannende Geruchsstellen auf. Vielleicht darf er einmal in aller Ruhe einen Parkplatz abschnüffeln – die anschließende Runde muss dann gar nicht mehr weit sein.
- Eine weitere spannende Möglichkeit ist, Ihrem angeleinten Hund die Führung zu überlassen! An Kreuzungen fordern Sie ihn mit „Führ mich!“ auf, beobachten ihn genau und folgen seinen kleinsten Signalen in eine bestimmte Richtung.

Die Geruchswelt unserer Hunde wird uns immer verschlossen bleiben. Dennoch kann es sehr interessant sein, uns von unseren Hunden führen zu lassen. Vielleicht bekommen wir so einen kleinen Einblick in seine Interessen.

## Profitipp:

Für manche Vierbeiner ist der Mensch zu Fuß einfach zu langsam. Kennt er die Aufforderung „Führ mich!“, kann er auch freilaufend von seinem Besitzer auf dem Fahrrad begleitet werden. Hunde legen durchaus gerne größere Strecken in zügigem Trab zurück. Natürlich muss er an der Leine gelernt haben, dass seine Freiheit auf Wege beschränkt bleibt; und wir wiederum lassen ihm die Zeit, sich interessanten Stellen schnüffelnd zu widmen.

▼ Ahhh, Prada darf heute nach Herzenslust schnüffeln!

# Sherpa spielen Der Hund trägt mit

L 1 ★★★

**Welche Hilfsmittel?** *Gegenstände zum Tragen*

**Voraussetzungen?** *Keine*

## Die Aufgabe:

*Vor allem Hunde mit Retrievererbe tragen mit großer Ausdauer und Begeisterung Stöcke oder Spielzeug mit sich herum. Gehört so ein „Trägerhund" zu Ihnen, können Sie dies auch nutzen, um ihn artgerecht zu beschäftigen.*
*Das Tragen kann auch Tieren, die sich leicht über Umweltreize aufregen, helfen, diese gelassener hinzunehmen. Kauen ist für manche Hunde Stressabbau. Stopfen Sie also die süße Schnauze und geben Sie Ihrem Nervösling eine Aufgabe, die ihn auslastet und hilft, ihn zu beruhigen.*
*Die Beschäftigung für die Hundeschnauze kann durchaus auch gute Unterhaltung für andere Spaziergänger sein. Ich kannte zum Beispiel einen Retriever, der stets einen alten Wanderschuh mit sich herumtrug. Ein Lächeln der Vorbeigehenden war ihm sicher! Freude macht auch der Hund, der seine eigene Leine trägt. Vielleicht schaffen Sie es sogar, sich die Vorliebe fürs Tragen zunutze zu machen: Mein großer Mischling etwa half mir, Einkäufe nach Hause zu tragen. Ein Kilo, beziehungsweise einen Liter, konnte er mir ohne Weiteres abnehmen.*

## Schritt für Schritt:

1. Loben Sie Ihren Hund, wenn er freiwillig sein Lieblingsspielzeug mit sich trägt und führen Sie einen Begriff dafür ein.
2. Jetzt können Sie Ihre Kreativität spielen lassen: Überlegen Sie sich nette Objekte, die den Hund zum Sympathieträger machen. Zum Beispiel könnte er seine Leine tragen oder einen für ihn hergerichteten Korb. Hilfreich ist es, die speziell dafür gedachte Leine vorzufalten und mit einem Band zu fixieren. Beim Korb polstere ich den Griff etwas ab, damit er haltbarer wird und angenehmer zu tragen ist.
3. Denken Sie daran, Pausen einzubauen, denn auch das bravste Tier braucht einmal ein Timeout. Ein tragender Hund arbeitet und kann nicht seinen Hundeinteressen nachgehen. Arbeit macht Spaß, aber jeder braucht auch einmal entspannte Freizeit!

**Ein Korb ist keine Beute!**

Tragen kann Stressabbau sein und es kann Ihrem Hund helfen, schwierige Situationen gelassener zu ertragen. Manche Hunde jedoch fangen an, ihr Trageobjekt als Beute zu sehen, die bewacht werden muss. Beobachten Sie Ihren Hund also genau und lassen Sie ihn nur Sherpa spielen, wo es angebracht ist.

▶ Wenn Fellin ihre Leine trägt, lächelt jeder.

# Bewegungsspiele

## Olympiareif!

Bewegung bedeutet gerade für jüngere Vierbeiner das reine Lebensglück. Wenn sie ihre Bewegungslust kontrolliert ausleben können, bringen wir Schwung und Freude in den Hundealltag und reduzieren gleichzeitig ihr mögliches Interesse an jagdbarem Wild. Gehen Sie mit offenen Augen an die frische Luft und Sie werden viele hundegeeignete Herausforderungen finden, die Sie immer wieder zu neuen Spielideen nutzen können!

# Twist and turn *Dreh dich!*

L 1

**Welche Hilfsmittel?** *Keine*

**Voraussetzungen?** *Keine*

## Die Aufgabe:

*Der Hund dreht sich neben Ihnen rechts oder links um die eigene Achse.*
*Dies ist eine wunderbare Übung, um das Handtarget einzuführen. Das Wort Target bedeutet übersetzt Ziel. In diesem Fall soll der Hund lernen, der menschlichen Hand wie einem Magneten zu folgen, ohne dass diese ein Leckerchen vor seiner Nase führt. Schon sehr junge Hunde können dies lernen.*

## Schritt für Schritt:

1. Mit einem Leckerchen führen Sie Ihren Hund so, dass er sich einmal in Uhrzeigerrichtung um sich selbst dreht.
2. Das Leckerchen wird durch die reine Handbewegung ersetzt. Dazu greifen Sie in Ihre Futtertasche, führen den Hund aber mit der leeren Hand. Kaum hat er sich gedreht, sagen Sie Ihr Belohnungswort und füttern ihn.
3. Statt führender Hand genügt dem Hund später eine leichte Drehung mit dem Finger als Signal. Belohnung folgt wie immer!
4. Die Drehung gegen den Uhrzeigersinn wird auf die gleiche Weise beigebracht. Sie können die Rechts- und Linksdrehung gleichzeitig einüben oder sich erst auf eine Richtung beschränken und dann die zweite dazunehmen.

## Profitipp:

Sie führen für die beiden Drehrichtungen zwei unterschiedlich klingende Signalwörter ein, zum Beispiel „turn“ und „twist“ und üben den Trick ohne Handsignal. Vielleicht lernt Ihr Hund es auch aus der Distanz?

◀ **Ups, das war ein bisschen zu hoch ...**

▼ **Die junge Kurzhaarcollie-Hündin** Krimi folgt Josephs Hand gerne, denn er hat ein Stückchen Käse drin versteckt.

# Parcours *Mutproben für echte Helden*

L 2+

**Welche Hilfsmittel?** *Keine*

**Voraussetzungen?** *Keine*

## Die Aufgabe:

*Für unsere Hunde kann die ganze Welt zum Spielplatz werden! Lassen Sie Ihren Hund unterwegs springen, klettern, balancieren, kriechen und vieles mehr!*
*Im Wald bieten sich beispielsweise zahllose Baumstämme für Hüpf- und Balancierübungen an.*
*In einem zweiten Schritt geht es dann auf Felsen und über Gräben! Anspruchsvolle Untergründe wie Gitterroste, glatte Böden oder schwierige Treppen sind in städtischer Umgebung zu finden. Es gibt Pfosten, die man umrunden kann, Mäuerchen, auf denen es sich balancieren lässt, oder Kunstwerke, die zu Bewegungsspielchen inspirieren. Laufen Sie mit offenen Augen durch die Welt und entdecken Sie die Möglichkeiten!*

## Schritt für Schritt:

1. Suchen Sie ein geeignetes „Spielgerät" und überlegen Sie sich die Bewegung dazu.
2. Führen Sie Ihren Hund anfangs mit Leckerchen in der Hand und benennen Sie die Handlung: „Spring!"
3. Später reicht ein verbaler Hinweis mit einer Zeigebewegung, sodass Ihr Vierbeiner auch entfernte Dinge beklettern, umrunden oder überspringen kann.
4. Loben Sie Ihren Hund für seinen Mut – er wird sich über Ihre Bewunderung freuen!

## Profitipp:

Der Schwierigkeitsgrad lässt sich hier unbegrenzt steigern. Ihre Fantasie ist gefragt! Wie wäre es beispielsweise, Ihren Hund in der Stadt eine flache Treppe rückwärts hinaufgehen zu lassen?

### Erst auf los geht's los!

Ein wichtiger Punkt soll nicht unerwähnt bleiben: Ihr Hund darf Sie zwar auf Möglichkeiten aufmerksam machen (erfahrene Hunde lieben es, eigene Ideen zu entwickeln!), doch er darf sie erst auf Ihre Aufforderung hin umsetzen. Eigeninitiative wird hier niemals belohnt! Die Gefahr ist zu groß, dass er freudig auf eine Mauer hüpft, hinter der ein Abgrund droht. Ich denke hier beispielsweise an Burgmauern oder Mauerbegrenzungen bei Brücken!

▶ „Hopp!“

▼ „Warten!“

▼ „Und ab!“

# Triathlon *Hüpfen, krabbeln und umrunden*

F 2+

**Welche Hilfsmittel?** *Keine*

**Voraussetzungen?** *Gelände mit Parkbänken*

## Die Aufgabe:

*Bänke sind ausgesprochen vielseitige „Hundesportgeräte". Sie können so viel mit ihnen machen. Als erstes lernt der Hund meistens ein „Hopp!". Die zweite Möglichkeit ist, unten durchzukriechen, wenn die Höhe geeignet ist. Und drittens kann der Triathlet „außenrum" spazieren.*

▲ „Hopp!", und was kommt jetzt?

## Schritt für Schritt:

Hunde lernen ortsbezogen. Es wird Ihrem Vierbeiner also leichter fallen, die einzelnen Aktionen mit verschiedenen Bänken zu verbinden. Auf eine Bank wird gehüpft, eine andere umrundet und unter einer dritten lassen Sie ihn durchkrabbeln.

1. Locken Sie anfangs mit Leckerchen, bis Ihr Hund verstanden hat, um welche Bewegung es sich handelt. Verknüpfen Sie Bank und verbales Signal mit einer bestimmten Handbewegung: „Hopp!" kann eine Hebebewegung sein, „Durch!" eine Tauchbewegung und „Außenrum!" ein Schicken mit dem linken Arm in Uhrzeigerrichtung.
2. Kann Ihr Hund alle drei Tricks einzeln, können Sie sie an einer Bank abfragen. Konzentrieren Sie ihn auf sich und zeigen Sie sehr deutliche Handsignale.
3. Halten Sie Ausschau nach anderen geeigneten Objekten. Bei uns gibt es beispielsweise einen senkrecht einbetonierten großen Reifen. Auch hier kann der Hund hindurchspringen, hochhüpfen und ihn umrunden. Liegt vielleicht eine Betonröhre herum, die das auch ermöglicht?

## Profitipps:

Probieren Sie, Ihren Hund aus der Distanz zu schicken. Eine weitere Möglichkeit ist, ohne Handsignale und nur verbal zu arbeiten.

**Hauptsache Spaß!**

Klappt es nicht sofort, probieren Sie es einfach erneut. Das Nette an diesen Aktivitäten ist, dass keine Prüfung droht und der Spaß so nicht verloren gehen kann!

▼ **Mit Schwung** geht's außen rum!

# Round, round, get around *Außenrum!*

**Welche Hilfsmittel?** *Keine*

**Voraussetzungen?** *Gelände mit Schuppen, Baum, kleinem Garten*

## Die Aufgabe:

*Der Hund lernt auf Signal, kleinere oder größere Objekte zu umrunden.*

▶ **Zu mehreren macht dieses Spiel noch mehr Spaß!**

## Schritt für Schritt:

1. Stellen Sie sich mit Ihrem Hund dicht vor einem Baum.
2. Führen Sie Ihren Vierbeiner nun mit Handtarget (siehe Seite 24) oder Leckerchen mit der linken Hand im Uhrzeigersinn hinter den Baum und locken Sie ihn mit der rechten Hand wieder nach vorne. Geschafft? Belohnung mit Markersignal (siehe Seite 8) und Leckerchen!
3. Üben Sie weiter mit beiden Händen, bis es auch ohne Leckerchen in der Hand klappt und schließlich nur die nach hinten führende Hand als Signal reicht.
4. Versuchen Sie es mit etwas mehr Abstand zum Baum. Als Signal dient ein Zeigen auf den Baum mit der Aufforderung „Außenrum!".
5. Erst wird der Abstand größer, dann das zu umrundende Objekt. Suchen Sie sich beispielsweise kleinste Gartenhüttchen oder einen kleinen Felsen.
6. Versuchen Sie, Ihren Hund um Scheunen oder kleine, eingezäunte Gärten zu schicken!

Eine gute Belohnung für schnelles Umrunden kann ein in Laufrichtung geworfenes Spielzeug sein.

## Profitipps:

- Bauen Sie die Übung gegen den Uhrzeigersinn neu auf. Nun könnte es „Go around!" heißen, unterstützt durch eine deutliche Schickbewegung mit dem rechten Arm. Konzentrieren Sie Ihren Hund auf sich und schicken Sie ihn dann abwechselnd rechts- und linksherum!
- Brauchen Sie eine noch größere Herausforderung? Dann schicken Sie einen Hund rechtsherum und einen Hund linksherum!

▲ Hinten rum ...

▲ ... und wieder da!

# Gut behütet *Hütespiel für Hüterlies*

F 1

**Welche Hilfsmittel?** *Später mehrere Menschen*

**Voraussetzungen?** *Keine*

## Die Aufgabe:

*Während Sie spazieren gehen, umrundet Sie Ihr Hund auf Aufforderung. Spannend wird es, wenn Sie zu zweit laufen oder gar die ganze Familie unterwegs ist!*

**Hüte sich wer kann!**

Es ist nicht einfach, die Begabungen von Hütehunden im Alltag aufzugreifen. Jagdsequenzen lassen sich sehr viel leichter spielerisch ausleben als Hüteverhalten. Schließlich soll unser Hütehund weder Fahrradfahrer, noch Rehe „hüten". Vielleicht hat er aber Spaß am Hüten von Familienmitgliedern?
Vorsicht – manche Hüter können dazu neigen, das Hüten von Menschen zu ernst zu nehmen. Beobachten Sie Ihren Hund genau und entscheiden Sie, ob solche Spiele das Richtige für ihn sind!

## Schritt für Schritt:

1. Führen Sie Ihren Beschützer mit einem Handtarget (siehe Seite 24) oder anfangs mit einem Leckerchen: Die rechte Hand leitet ihn hinter sich, die linke Hand wieder nach vorne. Kaum taucht er vorne wieder auf, benutzen Sie Ihr Markersignal (siehe Seite 8), um ihm zu sagen: „Richtig gemacht!" und belohnen ihn.
2. Üben Sie weiter mit beiden Händen, bis es auch ohne Leckerchen in der Hand klappt und schließlich nur die nach hinten führende Hand als Signal reicht.
3. Nun laufen Sie dicht neben Ihrem zweibeinigen Begleiter. Der rechts laufende Mensch beginnt, den Hund mit der rechten Hand hinter sich zu führen.
4. Sein links laufender Nachbar greift die Bewegung mit seiner linken Hand auf und führt den Hund wieder nach vorne ... Markersignal und dicke Belohnung!
5. Nun wird der Abstand zwischen den beiden Hundefreunden größer. Klappt es immer noch?

## Profitipp:

Lassen Sie Ihren Hund zuerst mehrere Menschen und schließlich eine kleine, auseinandergezogene Gruppe (eingeweihter) Spaziergänger umrunden!

▼ **... Und** schon taucht Jonni vorne wieder auf!

# Torlauf *Slalom durch die Beine*

F 1

**Welche Hilfsmittel?** *Keine*

**Voraussetzungen?** *Keine*

## Die Aufgabe:

*Ihr Hund liebt Bewegungsspiele und fände Agiltiy auf dem Hundeplatz wahrscheinlich spannend? Dann versuchen Sie doch, ihm diesen Spaß beim Spaziergang unterwegs zu gönnen. Ihre Beine als „Torstangen" fürs Slalom haben Sie immer dabei ... und schon kann es losgehen: Der Hund läuft in einer Achterbewegung um Ihre Beine herum – eine leicht zu lernende Aufgabe, die vor allem dem älteren Vierbeiner durch die fließende Rückenbewegung in beide Richtungen guttut.*

## Schritt für Schritt:

1. Sie stehen breitbeinig vor Ihrem Hund und führen ihn mit einem Leckerchen in der Hand um Ihr rechtes Bein und von hinten wieder zwischen Ihren Beinen nach vorne. Anfangs können Sie jeden Ansatz mit Markersignnal bestärken und das Leckerchen geben.
2. Die Bewegung wird ausgeweitet durch das Umrunden des linken Beines. Das Ziel ist die komplette Acht.
3. Lassen Sie das Leckerchen mit der Zeit weg, sodass der Hund nur noch Ihrer führenden Hand folgt.
4. Statt führender Hand genügt später ein mit einer leichten Hüftbewegung ausgestelltes Knie. Es wird zum Signal, unter diesem Knie hindurchzulaufen und wieder nach vorne zu kommen. Sie schwingen also elegant hin und her, während sich Ihr Vierbeiner in Achterbewegungen um Ihre Beine bewegt.

## Profitipp:

Üben Sie nun den Slalom um die Beine in einer fließenden Vorwärtsbewegung. Dies geht auch erstaunlich gut mit recht großen Hunden. Führen Sie anfangs wieder mit der Hand, später reicht dann das vorgestellte Bein als Signal. Wollen Sie mehr Tempo, bietet sich ein geworfener Ball als Belohnung an!

▼ **Zu groß fürs Slalomlaufen? Niemals!!!**

# Impulskontrolle

## Aufgepasst!

Impulskontrollspiele sind für den Vierbeiner hoch spannend und gleichzeitig eine wunderbare Übung für den Ernstfall einer Wildbegegnung. Hunde sind Beutejäger und lieben es heiß und innig, wenn Spiele diese Situation annähernd widerspiegeln. In solchen Momenten dann kontrolliert mit seinem Menschen zusammenzuarbeiten, ist für das Tier eine große Herausforderung und immer wieder aufregend. Die Belohnung ist dann Action pur!

# Fang's! Im Flug erwischt

L 2+ ★★★

## Welche Hilfsmittel? *Futter oder ein leichtes Spielzeug*

## Voraussetzungen? *Keine*

## Die Aufgabe:

*Fliegendes Futter ist für den Hund besonders attraktiv, da es seinen Jagdinteressen entgegenkommt. Die Futterbelohnung wird dadurch hochwertiger. Auch bei einer Fellschnauze, die manchmal etwas heftiger nach dem Leckerchen in Ihrer Hand schnappt, freut sich der Mensch, wenn das Futter fliegend genommen werden kann!*

**Vorsicht!**

Werfen Sie Ihrem Hund bitte keine zu kleinen Bälle oder andere Gegenstände ins Maul! Er könnte sie verschlucken!

## Schritt für Schritt:

1. Nicht alle Hunde sind geborene Fänger! Oft schauen sie dem fliegenden Leckerchen nach, bis es auf dem Boden liegt, und nehmen es dann erst auf. Ihre erste Aufgabe ist es nun, zielgenau zu werfen! Dabei wird schon ein leichtes Öffnen des Mauls begeistert begrüßt!
2. Manchmal versteht der Hund auf einmal, worum es geht, wenn sich das Objekt langsamer bewegt. Versuchen Sie es mit einem leichten Stofftier, einem Waschlappen oder geknotetem Tuch. Einmal gefangen ist der Groschen oft gefallen!
3. Erstaunlich gut geht es häufig, mehrere befreundete Hunde nebeneinander zu setzen und ihnen mit Namensnennung Futterbrocken der Reihe nach zuzuwerfen. Beginnen Sie mit etwas Distanz zwischen den Vierbeinern, um zu sehen, ob sich Ressourcenaggression, also Futterneid, zeigt. Wenn die Hunde dieses Spielchen einmal kennen, können sie auch direkt nebeneinander sitzen. Das ist immer wieder ein netter Zeitvertreib in Wartesituationen.

## Profitipps:

- Versuchen Sie, Ihrem Schleckermäulchen ein Leckerchen auf die Nase zu legen und nach kurzem Warten auf das dem Hund bekannte Signalwort „Fang's!" hochwerfen und fangen zu lassen. Bewährt hat sich dabei Futter, das nicht zu leicht ist, damit es stabil auf der Nase liegen bleibt und für den Hund auch gut zu fangen ist.
- Je nach Maul- und Spielzeuggröße kann ein Hund auch mehrere Gegenstände auf einmal fangen. Kennt er ein „Halten", können Sie versuchen, ihm ein zweites Objekt dazuzuwerfen. Manchmal hilft auch der Zufall, dass der Hund versteht, was gewünscht wird!

▼ **Zack!** Ich hab sie!!!

# Balla-balla Bunter Ballspaß

**Welche Hilfsmittel?** *Ein Ball (bevorzugt an einer Schnur)*

**Voraussetzungen?** *Der Hund liebt Bälle und kennt schon ein einfaches „Bleib!“*

## Die Aufgabe:

*Viele Hunde lieben ihren Ball. Nutzen Sie diese Freude für Bewegungsspaß, der auch den Kopf fördert und die Impulskontrolle stärkt. Bei dieser Aufgabe lernt der Vierbeiner, erst auf Aufforderung auf einen Ball zu reagieren.*

## Schritt für Schritt:

1. Setzen Sie Ihren Vierbeiner ab und treten Sie ein wenig zurück. Bewegen Sie den Ball leicht in Ihren Händen. Wenn Ihr Hund sitzen bleibt, rufen Sie ein lautes, fröhliches „Okay!!!!“, drehen sich um und werfen den Ball.
2. Steigern Sie die Spannung, indem Sie weiter vom Hund zurücktreten und den Ball attraktiver vor der Hundenase herumschwenken.
3. Steht Ihr Hund zu früh auf, wird nicht geschimpft und korrigiert – der Ball verschwindet einfach wortlos unter Ihrer Achsel. Bei einem neuen Versuch sollten Sie den Schwierigkeitsgrad überdenken und eventuell zurückfahren. So bekommen Sie ein Gefühl dafür, den Hund auf der Stufe herauszufordern, die er bewältigen kann. Überforderung ist frustrierend für Mensch und Hund. Erfolg macht Spaß – auch auf einfachem Niveau.

## Profitipps:

Den Ball einfach zu werfen und zurückbringen zu lassen, ist nicht herausfordernd genug? Überlegen Sie sich immer wieder unterschiedliche Aufgaben, die das Ballspiel zur Belohnung werden lassen. Hier sind einige Ideen:

- Werfen Sie zwei (oder noch mehr) Bälle in verschiedene Richtungen, während Ihr Hund sitzend zuschaut. Schicken Sie den Hund zum zuerst geworfenen Ball und dann erst zum anderen.
- Sie tanzen wild vor dem sitzenden oder liegenden Hund herum, schwenken den Ball verlockend in der Luft und machen alle Bewegungen eines Ballwurfes, ohne ihn wirklich zu werfen. Dann endlich kommt das erlösende Signal „Okaaaaaay“.
- Wenn Ihr Hund Bälle liebt, üben Sie ein „Sitz“ aus der Entfernung und werfen Sie als Belohnung den Ball. Meine Hunde genießen es richtig, wenn ich den Ballwurf andeute, sie losflitzen und sich in der Entfernung erst setzen müssen, damit der Ball dann zur Belohnung in die entgegengesetzte Richtung fliegt.

**Mach mal Pause!**

Manche Hunde sind süchtig nach Bewegungsreizen. Wir wollen sie auslasten, aber nicht hochpuschen. Achten Sie also darauf, Rennspiele nur dosiert anzubieten. Noch mehr als bei anderen Beschäftigungen gilt es hier, aufzuhören, wenn es am schönsten ist. Üben Sie ein Handsignal für „Pause“ ein und halten Sie es konsequent ein, wenn Sie es einmal gegeben haben.

▼ **Der Klassiker:** ein Kind, ein Hund und ein Ball ...

# Eins, zwei, drei, vier Eckstein! *Verstecken spielen*

F 2+ ★★★

**Welche Hilfsmittel?** *Eventuell eine Pfeife*

**Voraussetzungen?** *Unübersichtliches Gelände*

## Die Aufgabe:

*Fast täglich spielen wir dieses einfache, aber immer wieder spannende Spiel: Der Hundehalter setzt die braven Vierbeiner ab, entfernt sich, versteckt sich hinter einem Baum und pfeift (oder ruft) die Hunde zu sich. Die Hunde lieben das nicht nur, sie lernen auch viel dabei. Erstens wird das ruhige Absitzen geübt, während der Zweibeiner sich entfernt. Zweitens – und das ist der große Lerneffekt – dürfen sie endlich zu Herrchen oder Frauchen rennen, wenn die Pfeife ertönt.*

*Es ist wichtig, die Pfeife (oder den Rückruf) immer und immer wieder positiv „aufzuladen“, also in Situationen anzuwenden, in denen der Hund wirklich kommen will. Pfeifen wir ihn dagegen nur zurück, wenn er etwas Spannendes im Kopf hat, lernt er schnell, die Pfeife als Spaßbremse anzusehen. Wie gut, dass uns dieses Spiel immer wieder die Möglichkeit gibt, den Rückruf positiv zu konditionieren.*

**Kommen lohnt sich!**

Rückrufe werden immer hochwertig belohnt. Halten Sie für dieses Spiel also möglichst oft etwas besonders Leckeres bereit. Natürlich kann ein entsprechend aufgelegter Hund auch mit einem wilden Zerrspiel belohnt werden.

## Schritt für Schritt:

1. In seiner einfachsten Form lässt sich dieses Spiel schon mit Welpen spielen: Lassen Sie Ihren Hund sitzen, drehen Sie sich langsam um und pfeifen Sie ihn zu sich. Entfernen Sie sich einen Schritt und wiederholen Sie den Abruf. Erhöhen Sie den Schwierigkeitsgrad so langsam, dass der Vierbeiner keinen Fehler macht. Steht er zu früh auf, gehen Sie wieder einen Lernschritt zurück.
2. Bleibt er schon kurz sitzen, entfernen Sie sich langsam und verschwinden hinter einem nahen Baum. Nun wird er hergepfiffen. Natürlich gibt es immer eine gute Belohnung!
3. Bald können Sie sich ein wirkliches Versteck suchen. Setzen Sie Ihren Hund an einem unübersichtlichen Ort ab, zum Beispiel vor einer Wegkurve oder hinter einem Holzstapel. Je nach Gelände und Hund können Sie sich nun entfernen und verstecken. Ducken Sie sich hinter ein Gebüsch, stellen Sie sich hinter einen Baum und warten Sie einige Sekunden, bevor Sie pfeifen.

▲ Ein Pfiff ...

▲ ... und der Spaß beginnt!

# Hiiierher! ... Aber bitte einer nach dem anderen

F 2+

**Welche Hilfsmittel?** *Anfangs am besten einen Menschen pro Hund*

**Voraussetzungen?** *Keine*

## Die Aufgabe:

*Abrufspiele machen Spaß und festigen den Rückruf. Gleichzeitig verlangen sie einiges an Impulskontrolle und Konzentration.*

**Hand hilft mit**

Unter anderem auch bei ertaubten Hunden ist es hilfreich, ein Handsignal für den Rückruf einzuführen. Das kann zum Beispiel die erhobene Hand sein, die im Moment des Abrufs auf den Oberschenkel fällt.

## Schritt für Schritt:

1. Setzen Sie zwei oder mehr Hunde nebeneinander. Es ist deutlich leichter für die Tiere, wenn verschiedene Zweibeiner dabei sind. Jeder Mensch steht seinem Hund gegenüber, sucht Blickkontakt und deutet mit einer Handbewegung „Bleib!".
2. Sehr sachte wird der jüngste beziehungsweise am wenigsten ausgebildete Hund abgerufen (zum Besitzer gerufen). Dann der zweite und so weiter.
3. Eine nette Steigerung für Fortgeschrittene ist, die Vierbeiner gestaffelt hinzusetzen. Mit etwas Übung wird es klappen, dass der hinterste Hund zuerst abgerufen werden kann. Er rennt dabei an seinen weiter vorne sitzenden Kameraden vorbei, die ihn ignorieren müssen. Denken Sie daran, dass jeder Abruf hochwertig belohnt werden sollte!

## Profitipp:

Noch schwieriger ist es, wenn nur ein Mensch mehrere Hunde führt. Setzen Sie sie nebeneinander ab und versuchen Sie, sie einzeln abzurufen.
Es fällt den schlauen Tieren erstaunlich schwer, ihre Namen akustisch zu unterscheiden. Eine Hilfe wäre es, für jeden Hund ein eigenes Handsignal einzuführen. Hunden fällt das Lesen von Körpersprache deutlich leichter als das Unterscheiden verbaler Signale. Da wir Menschen anders kommunizieren, ist es wichtig, sich dies immer wieder klar zu machen.

▼ **Auf die Plätze**, fertig, looos!

# Ran an die Beute ... aber nicht sofort

F 1 ★★★

**Welche Hilfsmittel?** *Spielzeug mit einer daran befestigten Schnur, Stock*

**Voraussetzungen?** *Der Hund sollte „Sitz“ und „Aus“ kennen*

## Die Aufgabe:

*Für beuteinteressierte Vierbeiner ist eine selbst gemachte Reizangel ein ausgesprochen attraktives Spielzeug. Gleichzeitig bietet sie sich für Impulskontrollübungen an.*

▲ **Einmal wildes Tier sein dürfen!**

## Schritt für Schritt:

1. Binden Sie Ihr Spielzeug an einen geeigneten Stock, den Sie unterwegs finden. Lassen Sie Ihren Hund absitzen und bewegen Sie das Spielzeug vorsichtig und langsam vor ihm hin und her.
2. Dann folgt das gerufene „Okaaay!!“ und er darf versuchen, seine „Beute“ zu fangen. Je nach Ausbildungsstand gehen Sie bitte nur in sehr langsamen Schritten voran. Wenn die Impulskontrolle Ihres Hundes noch nicht gut ausgeprägt ist, bewegen Sie das Spielzeug nur langsam und erlauben ihm nach nur kurzem Warten das Jagdvergnügen. Sobald er unerlaubt zu früh aufsteht, sind Sie zu schnell vorgegangen. In diesem Fall brechen Sie ab und beginnen von Neuem, diesmal mit weniger großen Erwartungen an seine Selbstkontrolle.
3. Sobald Ihr Hund dem Spielzeug nachjagen darf, gestalten Sie eine kurze Jagdsequenz. Er darf flitzen, springen und zum Schluss das Spielzeug erwischen.
4. Nun rufen Sie ihn zu sich und lassen sich die Beute geben oder tauschen sie gegen eine gleich- oder höherwertige ein – je nach Ausbildungsstand Ihres Hundes. Die Abgabe wird hochwertig belohnt mit Futter oder einem Zerrspiel.
5. Bitte bedenken Sie, dass eine Reizangeljagd den Erregungslevel Ihres Hundes sehr hochpuscht und gleichzeitig stark ermüdet. Setzen Sie diese Aktivität also nur sparsam und in kurzen Sequenzen ein! Ihr Hund wird dieses spannende Spiel umso mehr lieben!

## Profitipp:

Versuchen Sie, Ihren Hund aus der „Jagd“ heraus in ein Sitz zu bringen. Auf Ihr „Okaaay!“ hin darf er aufspringen und weiterjagen.

▼ Aufregender geht nicht.

# Kunststücke

## Trickreiches für Talente

Tricks machen Spaß – und sind durchaus nützlich! Hunde, die Tricks beherrschen, sind Sympathieträger und die brauchen wir heutzutage dringend! Selbst ein ängstliches Kind ist eher bereit, auf Hunde zuzugehen, wenn diese lustige Tricks beherrschen. So viel zur Außenwirkung ... Aber auch für die Hund-Mensch-Beziehung sind Tricks genauso nützlich wie jede Erziehungsarbeit, denn beide erfahren: Lernen macht Spaß!

# Ziel!!! Targetspiele

F 2+

**Welche Hilfsmittel?** *Keine*

**Voraussetzungen?** *Keine*

## Die Aufgabe:

*Target bedeutet übersetzt „Ziel". Unsere Hunde können lernen, Zielobjekte (Targets) mit der Nase oder mit den Pfoten zu berühren. So gesehen wird unsere Hand zu einem Pfotentarget, wenn der Hund lernt, uns die Pfote zu geben.*

*Unterwegs können Hunde zum Beispiel Bäume anzeigen, indem sie mit den Vorderpfoten daran hochsteigen. Für ältere Hunde ist aber auch ein Nasenstupser als Anzeige eine Möglichkeit.*

*Geeignete Targets draußen sind zum Beispiel Baumstümpfe, Markierungssteine, Verteilerkästen, Pfosten, markante Steine ...*

**„Falsch" und „schade"**

Und wenn's nicht klappt? Bei mir gibt es zwei negative Rückmeldungen: „falsch" und „schade". Falsch heißt, er bietet nicht das Richtige an. Helfen Sie ihm, dass er schnell zu Erfolgserlebnissen kommt! Kann er es eigentlich, breche ich mit einem „Schade!" ab. Keine Belohnung, keine weiterer Beschäftigungsspaß, aber auch keine unangenehme Folgen. Beim nächsten Versuch sollten Sie den Schwierigkeitsgrad wieder etwas senken.

## Schritt für Schritt:

1. Zuerst lernt der Hund, mit den Vorderpfoten an einem Objekt hochzusteigen. Dazu nehmen Sie ein Leckerchen, locken ihn hoch und belohnen sofort, wenn er darauf eingeht.
2. Jetzt versuchen Sie, ihn mit der leeren Hand zum Hochsteigen zu bewegen.
3. Legen Sie zwei Schritte Abstand zwischen sich und das Objekt und schicken Sie ihn zum Hochsteigen. Versteht er das, benennen Sie die Handlung, zum Beispiel mit „Zeigen!".
4. Der Abstand wird größer und Sie üben, ihn mit einer Zeigbewegung in die richtige Richtung zu schicken.
5. Wenn Ihr Hund das von Ihnen gemeinte Ziel nicht gleich findet, sehen Sie das als Teil der Übung an, ihn richtig aus der Distanz hinzudirigieren. Freuen Sie sich mit ihm, wenn er es geschafft hat!

## Profitipp:

Üben Sie, Ihren Hund so lange am Objekt stehen zu lassen, bis Sie Ihr Okay geben. Hilfreich ist es, einen Laut einzuführen, der dem Hund sagt: „Was du gerade machst ist prima, mach es bitte so lange weiter, wie ich es dir sage!" Dieser Laut wird Keep-Going-Signal genannt und kann ein „lalalalala" sein, bei uns ist es ein „gogogogo". Alles ist möglich.

▼ Hoch die Pfoten!

# Die Trickbank für ein gemütliches Päuschen

L 1

**Welche Hilfsmittel?** *Keine*

**Voraussetzungen?** *Bank oder liegender Baumstamm im Gelände*

## Die Aufgabe:

*Hunde lernen sehr ortsbezogen. Lernfreudige Vierbeiner lieben es, bestimmte Orte mit Lernerfahrungen zu verknüpfen. Dies ist der Grund dafür, dass viele Hunde begeistert sind, auf den Hundeplatz zu kommen. Sie wissen genau, dass hier wieder interessante Dinge passieren werden!*

*Vielleicht gibt es auf einer Ihrer regelmäßigen Hunderunden einen Platz, der sich für eine kleine Pause eignet. Das kann zum Beispiel eine Bank sein. Wenn Sie sich vornehmen, an dieser Stelle regelmäßig an einem netten Trick zu arbeiten, freut sich Ihr Hund und Sie können ein Päuschen genießen.*

*Als Beispiel für Hundearbeit während Sie gemütlich sitzen schlage ich hier das Handtarget vor. Gut lässt sich so etwas auch bei einem längeren Restaurantbesuch üben.*

## Schritt für Schritt:

1. Halten Sie Ihrem Hund die aufrecht gestellte rechte Hand hin. Sobald sich der Hund interessiert nähert, markieren Sie dieses Verhalten mit einem Klick oder Ihrem Belohnungswort.
2. Der Hund hat die Verknüpfung gemacht und stupst Ihre Hand an, wo immer Sie sie hinhalten.

Dieser Trick hilft zum Beispiel in Situationen, in denen er gestresst ist und mit einer einfachen Aufgabe abgelenkt werden kann – was oft besser wirkt als ein Leckerchen. Das Signalwort kann zum Beispiel „touch“ werden.

## Profitipp:

Üben Sie als nächsten Schritt den „Kinntouch“: Sie halten dem Hund Ihre flache Hand hin und formen in kleinen Schritten, dass der Hund seinen Kopf auf der Hand ablegt. Ein „Backentouch“ lässt sich mit der senkrecht gestellten Hand formen ...

◀ Der Kinntouch – gaaanz gemütlich.

▼ Maja macht „Häschen“!

# Der Nein-Sager *Es regnet? Na und?!*

L 1 ★★★

**Welche Hilfsmittel?** *Keine*

**Voraussetzungen?** *Keine*

## Die Aufgabe:

*Auch nette Fellnasen haben es heutzutage schwer. Die Medien schüren Ängste und Kinder haben oft gar keine Chance, den korrekten Umgang mit Hunden kennenzulernen.*
*Um Vorbehalte abzubauen, nutze ich jede Gelegenheit, Kinder positive Erfahrungen mit Vierbeinern machen zu lassen. Ganz nebenbei können die Knirpse dabei üben, mit Hunden umzugehen. Und die Tiere können Kids positiv erleben.*
*Sehr hilfreich erweisen sich dabei kleine Tricks, die Kindern gefallen (und Erwachsene zum Staunen bringen!). Unser Favorit ist der kopfschüttelnde Hund, der „Nein!" sagen kann.*

### Ja oder nein?

Wesentlich schneller erlernt sich ein „Ja!" und deshalb übe ich es auch sehr viel später ein, wenn das „Nein" schon sicher sitzt. Ein „Ja!" ist bei uns ein Beller. Eingeübt wird es auf Fragen mit „Findest …". So können Sie dann fragen: „Findest du Julia nett?" und der Hund wird ein freudiges „Ja!" bellen! „Magst du Gurken?"– kopfschüttelndes „Nein!".

## Schritt für Schritt:

1. An einem Regentag gehen Sie mit Hund, Futter und eventuell Clicker bewaffnet hinaus. Sobald sich der Hund schüttelt, klicken oder markern Sie möglichst punktgenau und belohnen ihn. Sie versuchen also wieder, ein von Ihrem Hund gezeigtes Verhalten bewusst zu machen, indem Sie es bestätigen (shapen, siehe Seite 14). Mit dem Auslöser Regen wird er das recht schnell verstehen und das Schütteln vermehrt zeigen. Sie werden sehen, wie spannend auf einmal Regenspaziergänge werden!
2. Die Schwierigkeit für Ihren Hund ist nun, auch ohne den Regenauslöser das Schütteln zeigen zu können. Meine Hunde verstanden es an einem Tag mit nassen Wiesen. Nur der halbe Hund war nass – doch für das Schütteln reichte es aus. Vielleicht reichen danach die nassen Pfoten auf einem kurzen Rasen?
3. Hat er verstanden, was Sie wollen, führen Sie ein Signalwort ein. Bewährt hat sich dabei, dass er alle Fragen auf „Magst ..." mit Nein antwortet. Auf „Magst du Regen?" soll er beispielsweise mit dem Kopf schütteln. Sie können nun weitere Begriffe finden, wie Tomaten, Krokodile und so weiter. Variieren Sie und freuen Sie sich an Ihrem sprechenden Hund!

## Profitipp:

Der hochbegabte Hund kann lernen, Ja und Nein mit fast unsichtbaren Körpersignalen zu verknüpfen. Überlegen Sie sich beispielsweise eine Geste mit Ihrem Daumen und Ihrem Fuß, um die richtige Antwort zu bekommen. Ihr Hund wird zahlreiche Bewunderer haben!

▼ **Cjalla schüttelt sich** immer kräftig nach dem Wälzen. Jetzt gibt's dafür jedes Mal eine Belohnung ...

# Fang den Hund *Komm in meine Arme!*

F 1 ★★★

**Welche Hilfsmittel?** *Keine*

**Voraussetzungen?** *Ein ausreichend standfester Mensch für das Gewicht des Hundes*

## Die Aufgabe:

*Wenn Ihnen Ihr Hund gern auf den Schoß springt, können Sie ihm als beeindruckendes Kunststück beibringen, auf Aufforderung in Ihre Arme zu springen. Wichtig ist dabei, dass der Hund nicht nur in die Höhe springt, sondern wirklich auf Sie zu, in der Erwartung, gefangen zu werden. Nur so können Sie ihn sicher fangen.*

## Schritt für Schritt:

1. Suchen Sie sich im Wald verschiedene Sitzgelegenheiten und fordern Sie Ihren Hund auf, Ihnen auf den Schoß zu springen. Als optisches Signal nehmen Sie von Anfang an Ihre zum Fangen ausgebreiteten Arme.
2. Im Wald sind die Gegebenheiten perfekt, um eine wenig erhöhte Sitzgelegenheit zu finden. Sitzen Sie minimal schräg und lassen Sie Ihren Hund springen.
3. Die Sitzgelegenheiten werden höher, wobei Sie nicht mehr ganz waagrecht sitzen, sondern etwas schräg sitzend stehen. Ihre Arme werden Ihren Hund immer mehr stützen.
4. Von fast waagrecht arbeiten Sie sich zu fast senkrecht vor. Der Hund gewöhnt sich daran, von Ihnen aufgefangen zu werden.
5. Für die ersten senkrechten Sprünge können Sie sich immer noch an einen Baum lehnen.
6. Sie stehen frei auf einer Wiese und fangen Ihren auf Sie zuspringenden Hund sicher auf. Herzliche Glückwünsche zu diesem spektakulären Trick!

## Profitipp:

Ist Ihr Hund klein genug, kann er durchaus auch von einem Holzstapel herunter in Ihre Arme springen. Wählen Sie die Höhe so, dass der Hund sicher gefangen werden kann!

◀ **Direkt auf Sie zu – erst einmal auf den Schoß.**

▼ Gefangen!

# Cooles Pfötchen! *Hinterpfote geben*

L 1

**Welche Hilfsmittel?** *Keine*

**Voraussetzungen?** *Parkbänke im Gelände*

## Die Aufgabe:

*Vielleicht haben Sie schon beobachtet, wie Pferden die Hufe ausgekratzt werden. Geduldig stehen sie da und ein Antippen reicht, damit sie die Hinterhufe brav hochheben. Natürlich können das auch unsere Hunde lernen! Eine weitere schöne Aufgabe für unsere „Trickbank“ …*

### Nur Geduld!

Manche Tricks brauchen einfach Zeit. Gönnen Sie sich und Ihrem Hund diese Zeit! Es gibt ja keinen Erfolgsdruck! An einigen Tricks arbeite ich mit meinen Tieren schon seit Jahren – manchmal mit großen Pausen, manchmal täglich. Umso größer ist der Stolz, wenn der Hund dann vielleicht ganz überraschend plötzlich versteht, um was es uns geht!

## Schritt für Schritt:

1. Beginnen Sie mit dem rechten Hinterbein Ihres Hundes. Tippen Sie es leicht an und markern Sie jede kleinste Bewegung. Anfangs wird das meist ein Schritt nach hinten sein.
2. Geduldig üben Sie weiter und versuchen, das Verhalten in die gewünschte Richtung zu formen. Denken Sie an die Pferde – die haben das auch gelernt und sind im Lernverhalten unseren Hunden sicherlich nicht überlegen!
3. Üben Sie immer nur in sehr kurzen Sequenzen. Hat er dreimal die Hinterpfote bewegt, reicht das. Versuchen Sie immer mit einem möglichst gut gelungenen Versuch abzuschließen!
4. Erst wenn der Hund das Verhalten zeigt, fügen Sie das gewählte Signalwort hinzu.

## Profitipp:

Haben Sie einen hochbegabten Hund, können Sie alle vier Beine mit Namen belegen, ich schlage „one, two, three, four“ vor. Jetzt können Sie sich die Pfoten der Reihe nach geben lassen!

▲ **Der erste Schritt ist geschafft: „one“ … und weiter geht’s.**

▼ Maja ist stolz auf ihr Können!

# Mein Hund, ein Model *Fotogrüße*

L 2+

**Welche Hilfsmittel?** *Anfangs Zweige, später Blumen oder andere fotogene Gegenstände und ein Freund mit Kamera*

**Voraussetzungen?** *Keine*

## Die Aufgabe:

*Unsere Hunde sind dankbare Fotomodelle. Mit entsprechender Übung sind sie ausgesprochen geduldig und attraktiv sind sie sowieso immer! Dieser Trick hilft Ihnen, noch tollere Bilder zu bekommen. Selbst wenn Sie nicht selber fotografieren, findet sich im Bekanntenkreis sicher jemand, der Ihren gut trainierten Vierbeiner gern einmal abbildet. Natürlich können Sie das auch ohne Kamera auf den täglichen Hunderunden üben.*

## Schritt für Schritt:

1. Die Basisübung für ein vierbeiniges Fotomodell ist „Bleib!". Ihr Hund soll so stehen, sitzen oder liegen bleiben, wie Sie ihn ablegen. Sie setzen ihn also hin, gehen ein bis zwei Schritte rückwärts, gehen leicht in die Hocke (gute Hundefotos entstehen immer aus tiefen Positionen heraus!), erheben sich wieder und belohnen Ihren Hund. Es bleibt Ihnen überlassen, ob er bleiben soll, bis Sie wieder bei ihm sind, oder ob er auf das Belohnungssignal hin zu Ihnen kommen darf.
2. Nun vergrößern Sie die Distanz und gehen noch tiefer auf den Boden hinunter. Wie eine Kamera halten Sie dabei die Hand vor das Gesicht. Bei uns heißt diese Übung „Foto"!
3. Üben Sie das Stehen, das Sitzen und das Liegen. Ziel ist ein „eingefrorenes" Fotomodell, das ruhig steht oder sitzt und nur den Kopf bewegt.
4. Üben Sie bei mehreren Hunden ein Sitzen oder Stehen mit Fellkontakt. Meist lieben die Tiere eine Individualdistanz, was sich auf Fotos nicht sehr gut macht. Mit einem „Zusammen!" üben wir häufig dieses Kontaktsitzen.

## Profitipps:

Ideen für fortgeschrittene Fotomodelle:

- Eine Blume im Hundemaul eignet sich wunderbar als Fotoglückwunsch. Üben Sie anfangs mit einem Stöckchen, später mit einem grünen Zweig, dann mit einer Blume. Weiter geht's wie oben: Gehen Sie wenige Schritte zurück und in die Hocke, bevor Sie ein Auflösesignal geben und das Blümchen am Boden oder in Ihrer Hand landen darf.
- Andere Grußideen sind ein dekoriertes Körbchen, eine hübsch bedruckte Geschenktüte, eine Flagge ...
- Von einem Vierbeiner, der ein „Down" beherrscht und den Kopf auf den Boden legt, können Sie wunderschöne Portraits machen. Üben Sie mit einem Target, zum Beispiel einem zerschnittenen blauen Spülschwamm. Legen Sie das Target auf die offene Hand und üben Sie einen Kinntouch (siehe Seite 52), dann auf den Boden. Schneiden Sie den Schwamm immer kleiner, bis ein Signalwort reicht.

▼ **Wer würde** nicht gerne so eine Grußkarte bekommen?

# Ins Blaue hinein Blauanzeige

F 2+ ★★★

**Welche Hilfsmittel?** *Keine*

**Voraussetzungen?** *Gelände mit blauen Objekten*

## Die Aufgabe:

*Lange ging man davon aus, dass Hunde nur im Graubereich sehen können. Inzwischen ist klar, dass unser vierbeiniger Begleiter durchaus Farben sieht, jedoch ist sein Auge eher auf Lichtempfindlichkeit und Bewegungssehen als auf Farben ausgerichtet. Während dem Hund der Rotrezeptor fehlt, sieht er die Farbe Blau besonders gut.*

*Laufen Sie Ihre Hunderunden mit offenen Augen. Finden Sie blau markierte Objekte? Auch Futtertonnen oder Plastikfolien sind leuchtend blau. Versuchen Sie, Ihre Hunde diese Dinge anzeigen zu lassen.*

**Blau machen ...!**

Natürlich können Sie blaue Übungsobjekte auch in Ihren Garten oder anderes Privatgelände integrieren. Spritzen oder streichen Sie Steine oder Hölzer blau und verteilen Sie diese. Allerdings sollten Sie dann mehrere Wochen abwarten, bevor Sie sie für Blauanzeigen verwenden. Sonst wird der Hund nämlich schnell lernen, den Farbgeruch anzuzeigen! Weitere Farben, die Hunde ebenfalls gut erkennen können, sind Gelb und Weiß.

## Schritt für Schritt:

1. Wenn Ihr Hund das Zeigen von Objekten schon gelernt hat, wird er sehr schnell verstehen, dass Sie immer wieder die gleichen (blauen!) Dinge auf Ihren Alltagsrunden angezeigt bekommen wollen. Als Anzeigeverhalten können Sie alles fördern, was Ihr Hund anbietet: zum Beispiel Nasenkontakt, Pfotenkontakt oder Verbellen. Das einmal eingeführte Anzeigeverhalten sollte dann allerdings beibehalten werden.
2. Führen Sie das Signalwort „Blau!“ ein und üben Sie es regelmäßig an möglichst vielen verschiedenen Objekten.
3. Richtig spannend wird es, wenn Sie in unbekannten Gegenden unterwegs sind und neue Blauobjekte finden. Hat er es verstanden? Schicken Sie Ihren Hund los und beobachten Sie, ob er weiß, was Sie meinen. Feiern Sie ein Fest, wenn er die korrekte Anzeige macht!

▼ **Jonni** hat gelernt, blaue Farbe zu erkennen und anzuzeigen.

# Nasenarbeit

## Ein Duft liegt in der Luft

Unsere Vierbeiner erleben ihre Umwelt weitgehend über die Nase. Es ist faszinierend, wenn sie uns über Suchspiele einen Einblick geben in das, was sie durch ihre Nase leisten können. Die neugierigen Tiere zeigen uns gleichzeitig deutlich, wie sehr sie Suchspiele lieben.

Da bereits eine relativ kurze Nasenarbeit unsere Hunde genauso auslastet wie ein längerer Spaziergang, wird schnell klar: Suchspiele sollten wir unbedingt in unser Beschäftigungsrepertoire mit aufnehmen!

# Plumpsack mit Hund *Ups, verloren!*

L 1

**Welche Hilfsmittel?** *Leckerchentasche oder anderer Futterdummy, Taschentuch*

**Voraussetzungen?** *Apportieren,* *siehe Seite 68*

## Die Aufgabe:

*Eine wunderbare Möglichkeit, für Ihren Hund spannender zu werden, ist das gelegentliche „Verlieren" von Gegenständen. Sie beginnen mit futtergefüllten Gegenständen wie zum Beispiel käuflichen Futterdummys, Schlampermäppchen für Schüler, Schlüsseletuis mit Reißverschluss oder einem ausrangierten, verschließbaren Geldbeutel.*

### Heiß auf Finderlohn

Dies ist übrigens ein sehr praktischer Trick, denn meine Hunde trugen mir schon mehrmals unabsichtlich verlorene Handschuhe und einmal eine Lesebrille hinterher! Manche Hunde behalten dann allerdings ihre schusseligen Besitzer so gut im Auge, dass es schwierig ist, ein Taschentuch unbemerkt zu verlieren – wie beim Plumpsackspiel mit Kindern!

## Schritt für Schritt:

1. Während Sie mit Ihrem Hund dahinschlendern, „verlieren" Sie seine Leckerchentasche. Drei Meter später stellen Sie das entsetzt fest und suchen sie zusammen mit Ihrem Hund. Kennt er das Apportieren, wird er das neue Spiel schnell verstehen! Er hebt das Täschchen auf und wird natürlich fürstlich daraus belohnt.
2. Nun wird die Entfernung größer, bis die Tasche außer Sicht liegt. Als Signal hat sich bei mir ein entsetztes „Ah! Verloren!" mit einem Schlag aufs Herz als Handzeichen bewährt.
3. Schnell können Sie nun von der Leckerchentasche auf andere Objekte übergehen. Bewährt hat sich ein Papiertaschentuch, denn das fällt zusätzlich durch seine weiße Farbe ins Auge. Gerne können Sie verschiedene Objekte verlieren, einzige Bedingung ist, dass es nach Ihnen riecht.

## Profitipps:

- Variieren Sie die Abstände zum verloren gegangen Objekt. Sehr schwierig wird dann auf einmal wieder der Gegenstand in unmittelbarer Nähe, der von der begeisterten Schnüffelnase schnell überrannt wird.
- Versuchen Sie auch, schwieriger zu tragende Dinge zu nehmen: ein ausgedientes Handy zum Beispiel oder einen Schlüsselbund, der sich schlecht greifen lässt. Metall nehmen die meisten Hunde zudem ungern ins Maul.

▼ **Gar nicht** so einfach, ein Taschentuch zu verlieren, ohne dass Joy es merkt …

# Such mal! *Haargummisuche*

**Welche Hilfsmittel?** *Anfangs eine Leckerchentasche oder ein Futterdummy, später Haargummis*

**Voraussetzungen?** *Keine*

## Die Aufgabe:

*Nicht nur für Kinder ist es immer wieder erstaunlich, wie unsere Hunde Gegenstände allein mit der Nase finden können. Mit diesem Spiel gibt es dann doppelten Spaß: das Verstecken für uns und das Finden für den Hund.*
*Als Futterdummy eignen sich zum Beispiel Schlampermäppchen für Schüler, Schlüsseletuis mit Reißverschluss oder ein ausrangierter verschließbarer Geldbeutel.*

## Schritt für Schritt:

Die Vorausaussetzung für unsere Suche ist das Apportieren. Kennt er das noch nicht, muss er zuerst lernen, dass sich das Futtertäschchen nur mit Frauchens Hilfe öffnet (Punkt 1 und 2).

1. Zeigen Sie Ihrem Vierbeiner das herrlich riechende Wundertäschchen und legen Sie es direkt vor sich und Ihren Hund. Er wird hoffentlich interessiert die Nase senken – und das kann sofort angeclickert und gut belohnt werden.
2. Nimmt er es dann in die Schnauze, wird diese Handlung bestätigt. Er muss es Ihnen dafür gar nicht übergeben: Der Klick mit Wurstangebot reicht, damit er es in Ihre bereitgehaltene Hand fallen lässt. So üben Sie, bis er das fallengelassene Täschchen hochnimmt und in Ihrer Handnähe auslässt oder idealerweise übergibt.
3. Für den nächsten Schritt (und für helle Köpfe, die schon apportieren können), binden Sie den Hund an, zeigen ihm das gefüllte Täschchen und „verstecken" es in voller Sicht und in unmittelbarer Nähe. Nun gehen Sie zurück zu Ihrer Spürnase und schicken sie mit einem „Such!" los. Bringt sie Ihnen den Dummy zurück, gibt es einen Belohnungs-Jackpot!
4. Schnell können nun die Verstecke spannender werden. Wie staunen Kinder, wenn das schlaue Tier sein Täschchen unter Blättern schnell wiederfinden kann!
5. Hat Ihr Hund die Spielregeln gelernt, wird er sie auch bald auf andere Versteckobjekte übertragen können. Ich bevorzuge bunte Haargummis, die ich erstens immer mit mir führen kann und sich zweitens auch bestens an Zweigchen befestigen lassen. Weiße, blaue oder gelbe Haargummis kann der Hund noch einigermaßen sehen. Rote sind nur für unsere Augen sichtbar, der Hund kann nur noch seiner Nase folgen.

## Profitipps:

Die Möglichkeiten, das Suchspiel schwieriger zu gestalten sind endlos. Hier zwei Ideen:

- Lassen Sie Ihren Hund frei absitzen („Sitz!" und „Bleib!") und warten, während Sie den Gegenstand verstecken.
- Wählen Sie höher gelegene Verstecke! Bewährt hat sich bei mir eine Höhe bis ungefähr zum Knie. Je höher, desto schwieriger, denn der Geruch ist dann vom Hund manchmal nur noch sehr schwer zu orten.

▼ Gefunden!!!

# Wo isser? Hund sucht Mensch

F 2+ ★★★

**Welche Hilfsmittel?** *Ein zweiter Mensch, ein gut sitzendes Geschirr und eine etwa 8 m lange Schleppleine, einw kleiner Kunststoffcontainer mit hochwertigem Futter, zwei Handys sind hilfreich*

**Voraussetzungen?** *Keine*

## Die Aufgabe:

*Der Hund soll Familienmitglieder und Freunde in einfachem Gelände finden.*

### Mantrailing

Wenn Sie und Ihr Hund Spaß an dieser Art der Nasenarbeit haben, können Sie unter der Anleitung einer Mantrailinggruppe weiterarbeiten. Hier lernen Sie dann gemeinsam, auch Fremdpersonen nach einer Geruchsvorgabe zu suchen und zu finden. Es ist eine anspruchsvolle, aber faszinierende Teamarbeit, in der der Hundeführer völlig auf seinen vierbeinigen Kameraden angewiesen ist.

## Schritt für Schritt:

1. Ein Familienmitglied oder Freund zeigt Ihrem angeleinten Hund einen Kunststoffcontainer mit verlockendem Futter. Während Sie den Hund zusehen lassen, entfernt sich das „Opfer“ und versteckt sich hinter einem nahen Baum.
2. Mit einem „Such den Hans!“ schicken Sie Ihren Hund hinterher, der sich meist nicht zweimal bitten lässt! Die Wiedersehensfreude wird groß sein, verstärkt durch die Leckerbissen!
3. Schnell können Sie nun das Versteck außerhalb des direkten Blickkontaktes legen. Lassen Sie Ihren Hund weiterhin zusehen, wie das „Opfer“ sich entfernt.
4. Die Strecke kann dann länger werden, doch ich empfehle sehr, langsam vorzugehen. Lernen Sie, Ihren Hund zu lesen und ein Team mit ihm zu werden! Gibt es Anzeichen dafür, dass er die Spur verloren hat? Bleiben Sie bei „grünen“ Untergründen und sammeln Sie viele Erfolgserlebnisse, bevor Sie an eine Steigerung der Schwierigkeit denken.

## Profitipp:

Natürlich lässt sich bei der Personensuche der Anspruch unendlich steigern: Sie können auf Asphalt suchen lassen, die Ablenkungen können größer und die Spur älter werden.

▼ Krimi und Joseph lieben Versteckspiele!

# Picknick im Grünen *Guten Appetit!*

L 2+

**Welche Hilfsmittel?** *Futter*

**Voraussetzungen?** *Keine*

## Die Aufgabe:

*Nehmen Sie das Futter Ihres Hundes einmal mit nach draußen und servieren Sie es ihm mit einer Suche verbunden unterwegs.*

▲ **Das schmeckt** allen!

## Schritt für Schritt:

1. Wird Ihr Hund mit Fertigfutter ernährt, muss dies nicht aus der heimischen Futterschüssel geschehen. Nehmen Sie eine Handvoll Futter und werfen Sie es im hohen Bogen ins Gras. Gut geeignet sind auch Laubhaufen oder ein Gebüsch. Natürlich werden auch Frischfütterer geeignete Futtermittel finden ...
   Selbst ein Futterschlinger wird so auf einmal in aller Ruhe suchen und fressen. Zeigen Hunde keine ausgesprochene Ressourcenaggression, können auch mehrere Hunde gut zusammen „picknicken" – eine nette Sache im Garten zu Hause, vor allem, wenn die Zeit für alles andere fehlt oder das arme Tierchen verletzungsbedingt geschont werden muss.
   Eine sehr attraktive Möglichkeit ist auch, die grobe Rinde eines Baumes mit Weichfutter zu bestreichen. Er wird begeistert sein!
2. Lassen Sie Ihren Hund zusehen, wie das Futter verteilt wird, und ihn erst nach einem Startsignal beginnen.
3. Rufen Sie ihn zwischendurch zu sich, um ihn mit einem noch besseren Leckerbissen zu belohnen!

**Guten Appetit!**

Ehemalige Straßenhunde, deren früheres Leben oft nur aus Futtersuche bestand und die sich manchmal schlecht für anderes motivieren lassen, können so artgerecht ausgelastet werden.

▼ Dem Futter auf der Spur ...

# Zeig's mir! *Gegenstandssuche mit Anzeige*

F 1 ★★★

**Welche Hilfsmittel?** *Ein Futterbeutel oder ein Spielzeug mit Schnur, eine Extraleine*

**Voraussetzungen?** *Keine*

## Die Aufgabe:

*Für dieses Spiel muss der Hund nicht apportieren können. Angelehnt ist es an die Rettungshundearbeit. Auch da apportiert der Hund nicht das Opfer, sondern zeigt es an: meist durch Bellen, es sind aber auch andere Anzeigen denkbar.*

▲ **Jetzt lasse ich es aber nicht mehr aus den Augen!**

## Schritt für Schritt:

1. Nehmen Sie ein Lieblingsspielzeug Ihres Hundes oder machen Sie ein neues interessant. Gut geeignet sind Stofftiere. Dieses Spielzeug wird nun knapp außer Reichweite an einen Ast gebunden.
2. Wenn der Hund interessiert versucht, es zu holen, wird schon der erste Ansatz markiert und belohnt. Als Belohnung eignet sich jetzt ein tolles Zerrspiel mit dem Spielzeug. Manche Hunde werden aber Futter aus dem Futterbeutel bevorzugen – wir richten uns hier ganz nach den hündischen Vorlieben!
3. Nun soll der Hund ein Anzeigeverhalten lernen. Vielen Hunden fällt Bellen am leichtesten. Oft kann man sie mit Action dazu animieren und sie machen nur allzu gern mit. Beim ersten Beller nehmen Sie begeistert das Spielzeug ab und spielen mit Ihrem Hund oder belohnen ihn mit Futter.
4. Hat er dies verstanden, binden Sie den „Retter" an und befestigen das Stofftier in Sichtweite.
5. Jetzt gehen Sie zurück zum Hund und schicken ihn los. Springt er hin und fängt an zu bellen, wird dies möglichst schnell bestätigt. Manche Hunde kommen auch zu Ihnen zurück und führen Sie dann hin. Auch dies kann ein zu förderndes Anzeigeverhalten sein.
6. Nun können die Verstecke spannender werden. Viel Spaß beim Verstecken und Suchen!

## Profitipps:

Wieder einmal können Sie die Spannung leicht steigern: Versuchen Sie beispielsweise, Ihren Hund frei absitzen zu lassen („Sitz!" und „Bleib!"), während Sie das Spielzeug verstecken. Oder: Bellt Ihr Hund als Anzeige, fördern Sie ausdauerndes Bellen, bis Sie bei Ihrem Hund sind.

◀ **Jonni** hat das Spielzeug gefunden!

# Geocaching Schatzsuche mit Hund

L 1

**Welche Hilfsmittel?** *GPS, anfangs eventuell eine Plastikdose*

**Voraussetzungen?** *Keine*

## Die Aufgabe:

*Inzwischen findet Geocaching als Freizeitbeschäftigung für die ganze Familie immer mehr Anhänger. Mithilfe von Infos aus dem Internet und eines GPS wird wie bei einer Schnitzeljagd ein verborgener Schatz gesucht und gefunden. Wenn Geocachen für Sie neu ist, können Sie sich im Internet ausführlich darüber informieren.*
*Auch wenn Sie zu den geübten Cachern gehören – lassen Sie doch einmal Ihren Hund suchen! Mit ein bisschen Training können Sie ihn zum Cachesuchhund ausbilden: Menschengemachte Objekte, die viele Cacher schon in den Händen hatten, in einem natürlichen Umfeld zu finden, ist für Schnüffelnasen eine schöne Herausforderung!*

**Immer langsam!**

Erwarten Sie nicht, in kurzer Zeit einen ausgebildeten Cachehund zu haben. Denken Sie daran, wie lange es mit täglichem Training dauert, einen Drogenspürhund auszubilden! Haben Sie einfach Spaß am gemeinsamen Suchen und Finden! Genießen Sie den Prozess!

## Schritt für Schritt:

1. Geeignet für eine Cachesuche mit Hund sind die ganz einfach versteckten Caches unter Wurzeln oder hinter Steinen. Wichtigste Bedingung ist ein Versteck in Hundenasenhöhe. Anfangs brauchen Sie Caches, die der erfahrene Cacher schon von Weitem als solche erkennen kann, etwa eine Plastikdose. Nun schicken Sie Ihren Hund los und markern jede Annäherung. Unter großem Beifall finden Sie sodann gemeinsam den Cache und zeigen ihn Ihrem Vierbeiner.
2. Nehmen Sie die Plastikdose in die Hand und bestätigen Sie jedes Schnauzestubsen mit Futter. Ihr Hund soll lernen, dass sein Interesse an der Dose mit Futter belohnt wird.
3. Wenn Sie dies an verschiedenen Caches immer wieder durchführen, wird Ihr Hund verallgemeinern, worum es geht. Schließlich riecht jeder Fundort und jede Dose anders, doch die mit Menschengerüchen verbundenen Fremdkörper in der Natur bleiben gleich.
4. Nun gilt es, ein Anzeigeverhalten auszuformen. Beobachten Sie, ob Sie den Ansatz eines Verhaltens sehen, das Sie weiter verstärken können. Möglichkeiten sind zum Beispiel Kratzen am Versteck, Verbellen oder Fixieren. Reagieren Sie anfangs auf kleinste Anzeichen und loben Sie Ihren Hund überschwänglich! Stellen Sie fest, dass der Cache für den Hund unerreichbar ist, verstecken Sie ihn einfach noch einmal unter ein paar Blättern und sorgen Sie so für ein Erfolgserlebnis.

## Profitipp:

Während Sie anfangs dafür sorgen, dass das Suchgebiet sehr kleinräumig ist, können Sie bei einem Hund, der das Spiel verstanden hat, die Distanz vergrößern.

◀ Auch Cjalla findet Schatzsuche spannend

# Service

## Zum Weiterlesen


- del Amo, Celina: Spaßschule für Hunde. 100 x spielen, tricksen, clickern. Verlag Eugen Ulmer, 2009
- del Amo, Celina: Spielschule für Hunde. 117 Tricks und Übungen. Verlag Eugen Ulmer, 2011
- del Amo, Celina: Abenteuer für Hunde. Spiel und Spaß unterwegs. Verlag Eugen Ulmer, 2011
- Hesel, Lynn: Apportierspiele. Dummyarbeit Schritt für Schritt. Verlag Eugen Ulmer, 2009
- Jakob, Antje: Hundespiele für zu Hause. Verlag Eugen Ulmer, 2013
- Lenz, Corinna: Hundespielzeug selber machen. Verlag Eugen Ulmer, 2013
- Sondermann, Christina: Einfach schnüffeln! Nasenspiele für den Hundealltag. Verlag Eugen Ulmer, 2011
- Sondermann, Christina: KauSpielSpaß für Hunde. Leckere Beschäftigungsideen einfach selbst gemacht. Verlag Eugen Ulmer, 2014
- Sundance, Kyra: 101 Hundetricks. Verlag Eugen Ulmer, 2009
- Sundance, Kyra: 52 Tricks für junge Hunde. Verlag Eugen Ulmer, 2012
- Sundance, Kyra: 10-Minuten-Spiele für Hunde. Verlag Eugen Ulmer, 2012
- Sundance, Kyra: 101 Hundetricks für Kids. Verlag Eugen Ulmer, 2014


## Zum Weiterlernen

- www.kalalassies.de
  Homepage der Autorin mit Infos rund um den Kurzhaarcollie, die Hundezucht und mit vielen Beschäftigungsideen.
- www.spass-mit-hund.de
  Tricks, Spiel- und Spaßideen in Hülle und Fülle, dazu viele Clicker-Informationen.
- www.dogityourself.de
  Viele Beschäftigungsideen für drinnen und draußen.

## Bildquellen

Alle Fotos im Innenteil sowie die Umschlagfotos stammen von Silke Klewitz-Seemann.

## Über die Autorin

Cordula Weiß züchtet Kurzhaarcollies und achtet sehr darauf, ihre Hunde abwechslungsreich zu beschäftigen. Es ist ihr ein großes Anliegen, positiv ausgerichtete Hundeerziehung mit Bewegungsspaß und Kopfarbeit zu verbinden. Als Züchterin und Webseitenautorin (www.kalalassies.de) ist sie immer wieder Ansprechpartnerin in Sachen Hund und fühlt sich sehr verpflichtet, Mensch und Tier zu einem guten Miteinander zu verhelfen.

## Dank der Autorin

Mein Dank gilt allen mitwirkenden Vierbeinern und den hilfreichen Zweibeinern im Hintergrund, speziell der Fotografin und dem Lektorat!

## Haftungsausschluss

Die in diesem Buch enthaltenen Empfehlungen und Angaben sind von der Autorin mit größter Sorgfalt zusammengestellt und geprüft worden. Eine Garantie für die Richtigkeit der Angaben kann aber nicht gegeben werden. Autorin und Verlag übernehmen keine Haftung für Schäden und Unfälle. Bitte setzen Sie bei der Anwendung der in diesem Buch enthaltenen Empfehlungen Ihr persönliches Urteilsvermögen ein.

**Hinweis:** Der Verlag Eugen Ulmer ist nicht verantwortlich für die Inhalte der im Buch genannten Websites.

## Impressum

**Bibliografische Information der Deutschen Nationalbibliothek**
Die Deutsche Nationalbibliothek verzeichnet diese Publikation in der Deutschen Nationalbibliografie; detaillierte bibliografische Daten sind im Internet über http://dnb.d-nb.de abrufbar.

Das Werk einschließlich aller seiner Teile ist urheberrechtlich geschützt. Jede Verwertung außerhalb der engen Grenzen des Urheberrechtsgesetzes ist ohne Zustimmung des Verlages unzulässig und strafbar. Das gilt insbesondere für Vervielfältigungen, Übersetzungen, Mikroverfilmungen und die Einspeicherung und Verarbeitung in elektronischen Systemen.

© 2015 Eugen Ulmer KG
Wollgrasweg 41, 70599 Stuttgart (Hohenheim)
E-Mail: info@ulmer.de
Internet: www.ulmer.de

Lektorat: Christine Hutschenreuther, Kathrin Gutmann
Herstellung: Ulla Stammel
Umschlagentwurf: Sojus Design / Kai Twelbeck, Stuttgart
Satz: r&p digitale medien, Echterdingen
Reproduktionen: timeRay, Herrenberg
Druck und Bindung: Westermann Druck, Zwickau
Printed in Germany

ISBN 978-3-8001-6933-7